我的怡居主义

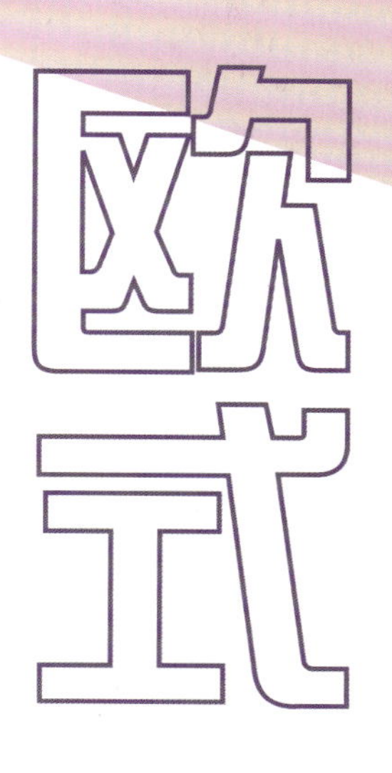

欧式风格不曾放弃对美的追求和探索
始终坚持选择一切最好的欧式元素
用独特的自信去诠释、去呵护纯粹的欧式风味
简单、抽象、明快、现代感强，古典韵味让我们置身其中
舒适、温馨的感觉袭人
让那为尘嚣所困的心灵找到了归宿

European New Style

深圳市创扬文化传播有限公司 策划
徐宾宾 主编

中国建筑工业出版社

图书在版编目（CIP）数据

欧式新风尚 / 徐宾宾 主编.
北京：中国建筑工业出版社，2011.12
（我的怡居主义）
ISBN 978-7-112-13722-0

Ⅰ. ①欧… Ⅱ. ①徐… Ⅲ. ①室内装饰设计—图集
Ⅳ. ①TU238-64

中国版本图书馆CIP数据核字(2011)第224556号

责任编辑：费海玲
责任校对：姜小莲 王雪竹

我的怡居主义
欧式新风尚

深圳市创扬文化传播有限公司 策划
徐宾宾 主编
*
中国建筑工业出版社出版、发行（北京西郊百万庄）
各地新华书店、建筑书店经销
北京方嘉彩色印刷有限责任公司印刷
*
开本：880×1230毫米 1/16 印张：4 字数:124千字
2012年2月第一版 2012年2月第一次印刷
定价：**28.00**元
ISBN 978-7-112-13722-0
(21510)

目录

CONTENTS

Bai Mei Gui Yin Xiang

白玫瑰印象

设 计 师：张晓莹、陶清明、古蓝
设计单位：（香港）成都大木多维设计事务所
设计面积：165m²
主要材料：玻化砖、生态木、金镜、银镜、墙纸

此方案为玫瑰湾地产玫瑰印象系列中的白玫瑰，设计师以白色为色彩基调，加入些许闪亮的金色，运用简约的新古典处理，成功地打造出奢华而不耀眼，富丽而不堂皇的高雅空间。以白色为主调的简约欧式家具，不但透露出纯净唯美的韵味，还利用本身舒服的触感给人带来美好的感觉。金色的吊灯、镜面、烛台，闪耀的色彩为空间注入华贵的气质，搭配璀璨的水晶灯和精致的陈设品，构筑高品质的生活空间。贯穿于空间中的银镜，既从视觉上扩大了空间面积，又增加了室内的通透感。此外，客厅中，棕色和白色相间的方格地面与墙面和顶棚上的不规则几何图案交相辉映，将时尚的气息渗透到空间中，带来绝佳的视觉效果。

整个空间的设计，宛如一朵优雅的白玫瑰，在金色的叶子上绽放着举世无双的美感，令观者久久不能忘怀。

【客厅】

纯白的沙发，犹如清丽脱俗的白玫瑰，展示着净澈心灵的美感。金色的吊灯和镜面为纯净的空间注入了闪耀的色彩，赋予空间华贵的气质。优雅的饰品和生机勃勃的鲜花点缀其间，营造出富有格调的生活氛围。棕色和白色相间的方格地面与墙面和顶棚上的不规则几何图案交相辉映，将时尚的现代气息融入到客厅中，不仅带来绝佳的视觉效果，还缓和了空间的冷峻感。

【餐厅】

金色镜面装饰的餐厅墙是空间中的一大亮点，不但从视觉上延伸了空间面积，还为餐厅带来奢华的色彩。镜面上的几何造型，使空间显得更加生动活泼，为餐厅增添了无与伦比的美感。柔软舒适的绒面座椅搭配金属和镜面组合而成的餐桌，以刚柔并济的形式，营造出独特的就餐环境。华丽精美的水晶灯对应餐桌上的水晶器皿，在银镜桌面的衬托下，将玲珑剔透的美感展现得淋漓尽致，让就餐空间显得赏心悦目。

【厨房】

以白色为主调的厨房，不仅显得干净整洁，而且如同白色的花朵般展示着优雅的姿态。简单的线条、素雅的墙面装饰、纯白的橱柜、精美的厨房用具，配以柔和的灯光，使置身其中可以感受宁静与平和，让烹饪的环境变得轻松惬意。

【书房】

金色的镜面给人的视觉带来冲击力的同时，还拓展了空间的面积。白色的书桌与书架，营造出纯净明亮的书房空间。摆放于空间中的所有物品，无论是艺术品还是书籍，都极好地点缀了空间，使空间显得饱满。

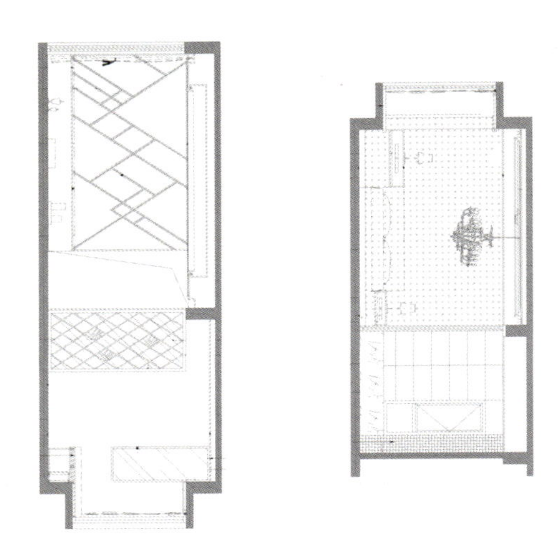

【主卧】

镜子中反射出的卧室显得虚幻唯美，让人极易混淆其中的虚与实，用“真作假时假亦真”来形容此空间恰如其分。纯净的色彩，展现出的不仅仅是优雅，更是一种娴静安逸的状态。镜面上的不规则造型装饰，赋予空间时尚的气质。那姿态灵动的吊灯和曲线优美的梳妆台，仿佛是传说中的镜花水月，美轮美奂的它们为卧室增添了迷人的魅力。

【卫浴间】

透亮的浴镜与淋浴间的玻璃隔门使卫浴间的视野更加开阔，让狭小的空间显得宽敞起来。白色大理石铺就的墙面，不但便于清洁，还有利于提升室内明亮度。用金色画框装饰的艺术画，既展示出古典家具的优雅，又为空间增添了高雅的格调。纯白的洁具，流线型的轮廓，给人以纯净唯美之感。

Ya Ju Sheng Huo

雅居生活

设 计 师：刘威
设计单位：武汉刘威室内设计有限公司
建筑面积：90m²
主要材料：天然贝壳马赛克、墙纸

拥有温馨且精致的家居空间是许多人不懈追求的目标，这样的空间到底有着怎样的魅力，相信看过本案之后，你能够找到一些答案。

客厅和餐厅中纯朴的橄榄木饰面在灯光的烘托下，传递出阵阵温情，搭配上天然贝壳马赛克以后，使空间在庄重典雅之余还呈现出美丽大方的状态。以白色皮革为主，清冷金属为辅的现代家具，显示出优雅的气质。精美雅致的陈设品和独具意境的艺术挂画，营造出高格调的生活氛围。清丽脱俗的兰花贯穿于整个空间中，纯白的色彩迎合了空间淡雅的整体色调，并为室内增添了几缕清香。在空间吊灯的设置上，设计师打破常规定律，在客厅和书房的一角都添加了吊灯，配合餐厅和书房之间的玻璃隔断，使室内四盏大小不一、高矮不一、形式相似的吊灯仿佛有节奏的音符，在客厅、餐厅、书房间弹奏起来，活跃了空间气氛，具有很强的装饰性。

【客厅】

这是一个温馨典雅的客厅。奶白色的软皮沙发配合简单的线条，让人感到舒服安心；洁白的墙面和白色的简易壁炉，增强了客厅的纯净感；纯朴的橄榄木饰面和天然的贝壳马赛克为空间注入了自然且时尚的气息，使空间变得更加生动；闪耀的水晶灯和精致华美的装饰物，在充实空间的同时也提升了室内的整体格调。

【餐厅】

用天然贝壳马赛克打造的餐厅墙显得时尚醒目之余，还将人的思绪带到了美丽的大海之中，使在其中就餐的人似乎时刻都能感受到清凉的海风。用白色皮革和金属材质制造的餐桌椅，显得现代摩登，印有古典花纹的桌布起着极佳的点缀作用。吊灯的设计令人眼前一亮，垂吊着的刀叉和汤匙，呼应了空间的餐饮主题，显得创意十足。

【厨房】

纯白的色彩加上简洁的线条不仅使这个白色的厨房显得干净整洁，还有效地增加了空间的宽敞感，不会让原本不大的厨房显得拥挤。同时，纯净的色彩在灯光的配合下，使厨房变得非常明亮。

【书房】

清新的原木家具仿佛一阵自然的风，书房的地板如果是原木的，那么选用与之相协调的原木家具是一种不错的选择。这个书房的整体效果很和谐，很容易让人在此找到一种安静的感觉。为了让主人感觉更舒适温馨，设计师选用了这张典雅又舒服的椅子与整体环境搭配。书架上摆满的书散发出幽然的香气，在此看书学习自然会有一番惬意的感受。

【主卧】

简欧风格的设计配以清淡的色彩，使卧室显得高贵典雅。轻柔的灯光配合室内的整体色调，营造出宁静温馨的睡眠氛围。用艺术镜面修饰的衣柜，不但丰富了空间的视觉内容，还为卧室增添了灵动的元素。优雅的窗帘和绚烂的鲜花，赋予空间浪漫的情调，使身处其中的人倍感舒心。

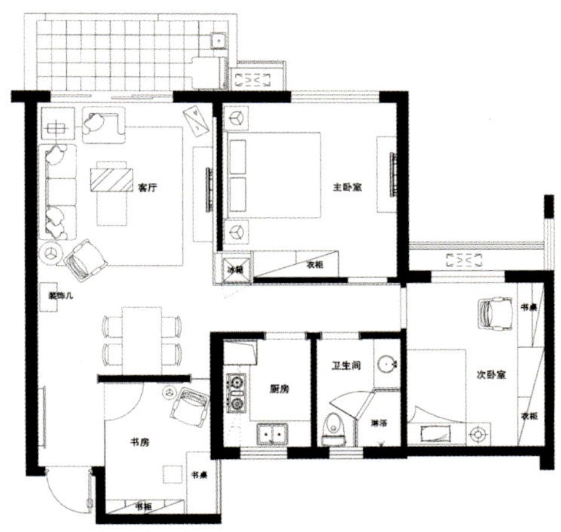

【次卧】

以车为主题的装饰画和模型显示出小主人对车的喜爱；米奇造型的闹钟、玩偶和米奇图案的床单，以及可爱的卡通壁纸，让房间变得热闹起来；室内摆放的飞行棋地毯，既有娱乐功能又有实用性。它们的组合构成了一个童趣十足的儿童空间。另外，展示台、书桌、收纳柜和床的设计，都以不同的形式提高了空间的利用率。

【卫浴间】

从墙面到地面，甚至盥洗台都采用了相同的木纹石进行装饰，不但使卫浴间显得大气，还从视觉上延展了空间的面积，加上灯光的辅助，打造出宽敞明亮的卫浴间。明亮的浴镜和玻璃隔断，为空间增加了通透感。

Wei Mei Hua Yuan

唯美花园

设 计 师：徐少林
设计单位：温州好来居建筑装饰工程有限公司
建筑面积：385m²
主要材料：大理石、皮革硬包、橡木、墙布

设计师充分利用户型的特点，让室内空间延伸并与室外环境相融合，营造出舒适、通透、大气的使用空间。客厅、餐厅及厨房流畅通透的空间关系，体现生活的灵动。利用合理的功能划分，对称和简练的设计元素，使空间体现出居家的美观性。米黄的大理石、白色的木线条、黑色的皮革贯穿在空间中，打造出奢华大气的生活空间。室内通过华丽的材质、精致的家具散发出华贵与时尚的气息，是与新贵阶层在文化与艺术追求上产生共鸣的高品质住宅。时尚的楼梯与白色的雕塑体现出设计师对空间处理的细腻，拾阶而上，富有质感的大理石与银箔相得益彰，在光影的折射下诠释出家的另一番光景。透过通透的阳光房望去，含蓄的光线从格栅洒在宽阔的露台，坐在木制的栏椅上，沏一壶茶，捧一本书，惬意悠闲的下午……

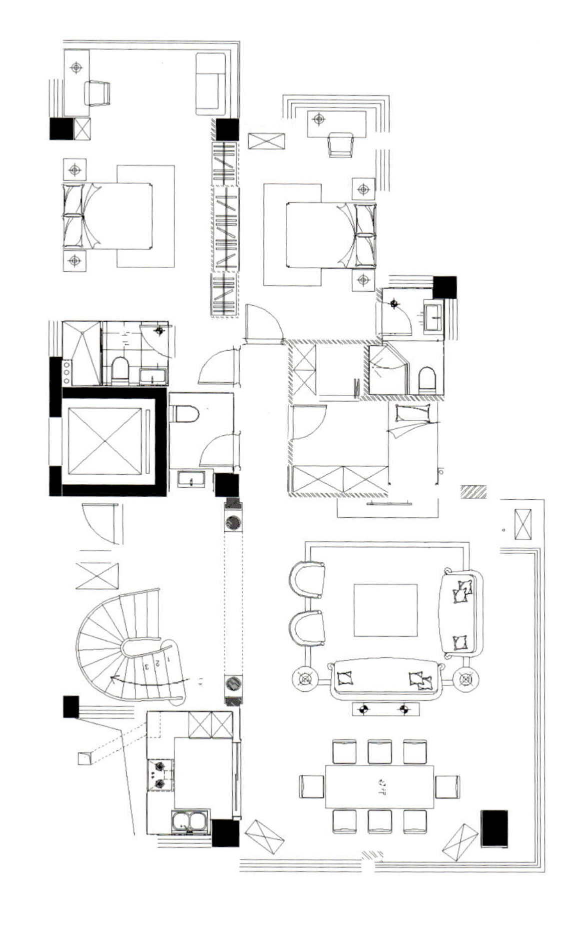

【客厅】

黑色的皮革搭配纤巧的线条所构成的沙发展现出低调的奢华，那有着镂空雕花的座椅，体现了另一种欧式情怀。黑色与银色打造的桌几和电视柜，呈现出华丽的质感。顶棚与墙面上使用相同的壁纸来装饰，有着一定的连贯性，成功地营造出温馨的生活氛围。晶莹璀璨的水晶灯和精致华美的装饰品、名贵的地毯，共同构成了一个奢华高贵的会客空间。

【餐厅】

餐厅采用开放式的设计，与客厅处于同一个空间中，使空间显得更加宽阔。拥有金色镶边的欧式餐桌椅显得华贵精美，黑色的主调对应黑白方格地砖，流露出经典的韵味。空间中雅致的陈设物和唯美的暗纹壁纸一起打造出具有浓郁欧洲风情的就餐空间。

【厨房】

用黑与白渲染出具有经典韵味的欧式厨房。黑色的墙面在白色橱柜的对比下显得极为醒目，光洁的墙面隐约反射出室内的情景，为宁静的厨房增添了一抹神秘的色彩。

【门厅】

巨大的镜面从视觉上扩展了空间面积，使宽敞的门厅空间变得更加开阔。镜面强大的反射功能，不但丰富了空间内容，还提亮了室内光线，使空间显得格外明亮。黑白方格的大理石地面对应米黄色的大理石墙面，打造出经典大气的门厅空间。

【楼梯】

裙摆飞扬的少女雕塑显示出与世无争的美感，如同一个守护者陪伴着寂寞的楼梯。精美的铁艺扶手与天然的石材构建的楼梯，蜿蜒而下的姿态使它显得优雅唯美。清澈的镜面延伸了楼梯的视觉空间，华丽的水晶灯犹如正欲落下的水滴，所有元素的加入使楼梯空间变得美轮美奂。

【主卧】

华丽精美的家具与高贵典雅的装饰物的完美融合打造出这个富丽堂皇的空间，让居住其中的人不由地产生成就感和自豪感。室内照射的各种光源，使空间不会显得锋芒毕露，并为卧室增加了一些温情的氛围。

【次卧1】

纯净的白色陪伴浪漫的花朵和朴实的木地板，使置身其中的人仿佛处于美丽的田园之中，这种美好的体验能够让人在极为放松的状态下进入睡眠。衣柜与储物柜、电视柜相结合的方式合理地利用了空间，优雅的白色配合灿烂的碎花形成了卧室中一道亮丽的风景线。

【次卧2】

白色的欧式家具显得优雅宁静，深色的布艺赋予空间沉稳的气质，空间给人的整体感觉像是一个脱离世外的隐者，只喜欢低调的生活。与墙体平行的衣柜，巧妙地“隐藏”在空间中。值得一提的是，壁纸上充满动感的花纹为原本宁静的空间注入了一些活力。

【次卧3】

这个卧室的设计能够使人感受到偏安一隅的惬意，无论是硬装还是软装都尽量显得不张扬，营造出低调但不简单的睡眠空间。

【卫浴间1】

黑白色调的拼花马赛克显示出时尚的现代美感，轮廓优美的浴镜悬挂其中，与它的组合堪称完美，将空间引入了绝妙的意境之中。一道玻璃墙分隔出了盥洗区和卫浴区，通透的质感又使两个功能区隔而不断。地面和墙面都使用米黄色的石材来修饰，既防潮又便于清洁，显得美观又实用。

【卫浴间2】

深色马赛克装饰的墙面把白色的洁具烘托得更加醒目且唯美，色彩上的对比也使以白色为基调的空间显得更加明亮纯净。用来进行干湿分区的玻璃隔断，增加了空间的通透感和明亮度。

She Hua Xiang Bin

奢华香槟

设 计 师：刘威
设计单位：武汉刘威室内设计有限公司
建筑面积：85m²
主要材料：拼花地板、白洞石、墙纸

本案的女主人是服装设计师，酷爱miumiu这个品牌，所以设计师将miumiu2009年的流行元素——金色暗花纹墙纸作为装饰墙面的主要材料，力图营造出温馨典雅的生活氛围，试想一下，如果主人能够每天都见到自己喜欢的东西，精神自然就愉悦起来。空间以白色、香槟金和香槟银色作为色彩基调，配以华丽精美的各类装饰物，使空间于高雅中透露出一丝奢华的气息。具有丝滑触感的优质面料，在淡雅色彩的配合下，给业主带来满足惬意的居住体验。

另外，餐厅与厨房采用开放式的设计，使它们与客厅处于同一个空间中，让各个功能区更显宽敞，也增强了空间的连贯性。

整个空间通过设计师的精心设计，让人领略到简约欧式的无穷魅力，并使浮躁的心平静了下来，有着静心的效果。

【客厅】

金色暗花纹墙纸和白色面板装饰了客厅中的墙面，使空间透露出典雅的欧式气息。纯净的色彩和简洁的轮廓，构造出优雅柔和的家具；华丽精美的各类装饰物展现着迷人的欧式风情，它与家具的完美组合呈现出新古典风格的欧式空间。轻柔的光源，营造出温馨的氛围。

【餐厅和厨房】

造型简约的欧式餐桌椅，在金色的演绎下，显得贵气十足，雅致的餐具和闪亮的桌旗，突显出主人的高品位。餐厅与客厅都采用了拼花地板来装饰地面，加强了餐厅与客厅之间的联系。开放式的厨房，墙面和地面使用了与餐厅完全不同的材料来装饰，这样的设计有效地区分了两个不同的功能区。

【卧室】

金色暗花纹墙纸与金色的缎面床单交相辉映，再加上金色的电视柜，赋予空间高贵的气质，细腻的线条和优美的花纹，使卧室宛若一个优雅的贵妇展示着迷人的魅力。设计师对飘窗的空间进行了合理利用，摆放一些图书、几个相框、一束鲜花，让空间变得富有情调。

【书房】

这里的书房确切地说应是一个工作室。书房的设置可以充分考虑业主的职业性质，根据不同业主的职业特征做出符合其生活状态的装修。因考虑女主人是服装设计师，所以设计师将展示架变成了储藏区，众多的方格能够将设计服装所需的用品分门别类，便于女主人快速找到工作中所需要的物品。浅色暗花纹墙纸搭配金色的简欧式桌椅，给人带来优雅、宁静的感觉。

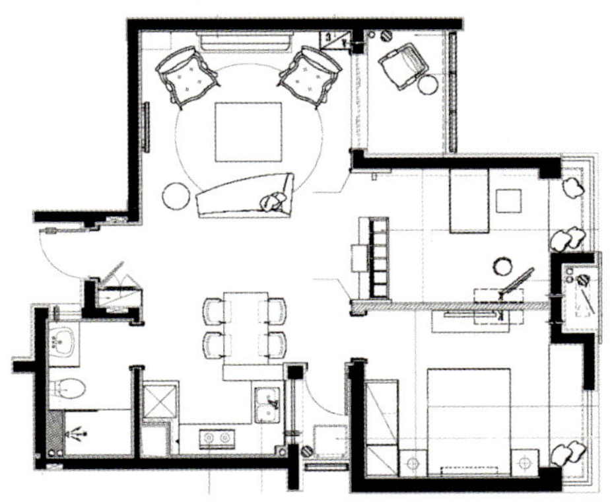

Yu Jing Dong Fang

御景东方

设 计 师：王五平
设计单位：深圳市五平设计机构
建筑面积：700m²
主要材料：镜面磨花、樱桃木、仿大理石砖、浅啡网、灰木纹大理石、陶瓷锦砖、水晶灯

本案是一个位于顶层的复式空间，设计师根据业主的要求，以展现低调的奢华、追求风范为主题，打造出一个高品质且具有休闲功能的生活空间。

整体空间的设计可以看出设计师的用心，古典与现代结合的欧式家具，时而华丽精美，时而高贵典雅，完美地融合在低调的奢华空间中。别致的艺术品和考究的茶具点缀其间，在灯光的烘托下，彰显出不俗的魅力。极富艺术感的电视墙，为空间注入了时尚的气息。

由于房子比较高、比较大，原结构的楼梯口空间不够大，显得楼梯小而陡，因此，设计师扩大了楼梯口的空间。此外，设计师在一层的大弧形阳台设计了一个健身房，而二楼的超大型弧形阳台，设有喝茶、台球、水景区等。

【客厅】

这个古典风格的欧式沙发中因一些现代元素的加入而显得独一无二，精美的镶边、高档的皮质、华丽的色调，使其散发出逼人的贵气。考究的茶具和别致的艺术品点缀其中，在灯光的烘托下，彰显出不凡的魅力，同时也突显出屋主不俗的品位。仿大理石砖堆砌而成的电视墙，配以磨花的镜面，显示出个性的美感，并为空间注入了时尚的气息。

【休闲房和书房】

设计师以架高地板的形式区分书房和休闲区域。为书房量身定做的书柜与书桌，采用樱桃木作为材料，使人感到亲切自然，也让办公的环境变得轻松。书柜中摆放着大量的图书，室内似乎环绕着淡淡的书香。巨大的落地窗不仅令明媚的阳光尽情地进入室内，还使室内外空间有效地联系在一起，起到空间延伸的作用。休闲区就摆放了一些简单的家具，尽显整洁与利落。闲暇的时刻，坐在柔软舒适的沙发上，随意地翻阅茶几上的图书，或者去书柜前浏览自己喜欢的书籍，在温暖的阳光中静静地，享受着惬意的悠闲时光。

【健身房】

将健身房设置在阳台上，既是对宽大阳台空间的合理利用，也是对极佳健身环境的营造。试想一下，一边健身一边欣赏落地窗外的美丽景色，心情自然就畅快起来。健身房的设计也显得独具匠心，顶棚上的木格装饰对应墙面的暗红方格瓷砖和地面上的灰色地毯，流露出现代都市的时尚气息。

【楼梯】

设计师用兼具展示与储物功能的单体柜作为楼梯与餐厅之间的隔断，不但有效地提高了空间的利用率，而且让餐厅区域以若隐若现的形式呈现出来，透过镂空的展示架可以依稀看见餐厅内的情形，无形之中使其与其他空间连成一体。楼梯采用铁艺栏杆作为扶手，配合优美的整体曲线，展现雍容华贵的姿态。

【阳台】

超大弧形阳台，设有喝茶、台球、水景区等，位于三十二楼高度的它，围观的不仅仅是碧水连天、落日楼头，更多的是一份休闲、放松的假日心情。某个悠闲的午后或是某个宁静的夜晚，坐在阳台的藤制摇椅上想着那曲“浪漫的事”，幸福之感油然而生。

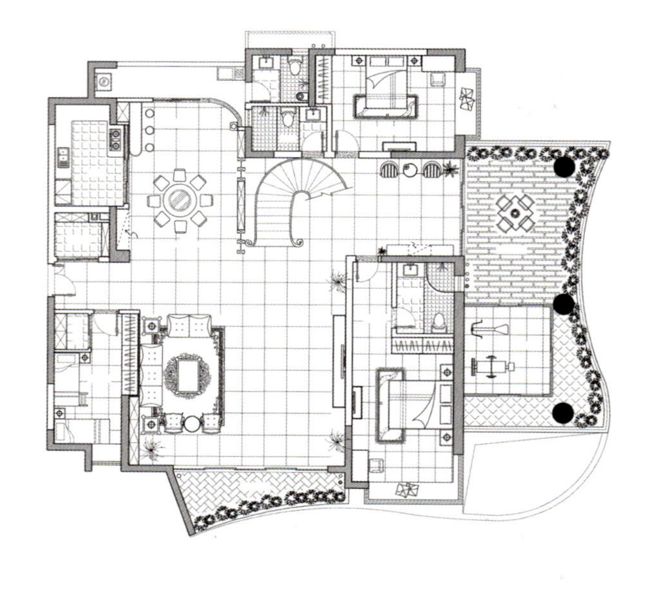

【主卧】

个性时尚的床显得宽阔舒适，人性化的设计让躺在上面的人能够彻底放松身心。深咖色的花纹壁纸、浅咖色的长毛地毯、褐色的座椅、浅棕色的地砖共同营造出成熟稳重的睡眠氛围，墙面上的艺术挂画和衣柜的玻璃滑门，不但丰富了空间的内容，还舒缓了室内的沉闷感。嵌入墙体的展示柜所具有的展示和收纳功能提高了有限空间的利用率，显示出很强的实用性。洁白的简易办公桌，为沉稳的空间增添了纯净的色彩。

【次卧】

不同花样的壁纸给卧室带来了不同的风情，壁纸上形态各异的花纹与床品上的图案相得益彰，不但让这个卧室充满灵动的气息，还赋予其高雅的气质，在这样富有格调的空间中休息，是一种别样的享受。

【卫浴间】

为空间量身定做的白色浴缸和盥洗台合理地利用了室内的每一寸空间，其他区域的设置也显得秩序井然，简洁的设计使卫浴间整体看起来干净、利落。空间以深棕色和白色为主调，使室内于沉稳之中又透着一丝纯净，显示出经典的韵味。此外，深色墙面上出现的唯美花纹、用来进行干湿分区的玻璃隔门，以及明亮的浴镜，不仅缓和了空间的单调感，还提升了空间的魅力指数。

Jun Yue Xiang Di

君悦香邸

设 计 师：王帅
设计单位：北京东易日盛长沙分公司
建筑面积：132m²
主要材料：仿古砖、多层实木地板、墙纸、手绘涂料

设计师的灵感源自欧式古典风格及现代简约风格的合成元素，极力营造一个时尚高雅的居住环境。采用米白为色彩基调，与深色布艺欧式家具和软装形成对比，让空间层次丰富起来。在整个空间中，设计师围绕两大主体展开设计，气派的大门和精致的木雕花，既对比又协调。入户花园和客厅之间使用雕工精美的镂空雕花作为隔断，不但形成空间上的灵活性，而且在风格上更自然地结合。设计师根据居室的结构和业主的生活习惯，对业主的家提供整体设计，实现家具、后期配饰与基础装修的有机融合，在工艺、材质、功能、款式、色彩等每一个细节全面把关，力求做到最好。

【客厅】

洛可可风格的家具配合淡雅的色彩，展现出优雅的气质，华贵的紫色绒面靠垫为客厅增添一种高贵的气息。黄色的罗马帘和白色的纱帘，让空间在大气之余还拥有着一份清丽之美。唯美的镂空雕花和精美的铁艺灯具，赋予空间灵动的美感，让客厅静中有动。千姿百态的鲜花和青翠的植物，以及室内摆放的油画和银制器皿，不但让空间弥漫着淡淡的清香，还使客厅更加富有生活意味。

【餐厅】

与客厅使用相同的窗帘和吊灯、壁纸、地砖，使餐厅与客厅紧密地联系在一起，也让两个功能区的设计更加和谐统一。边缘部分雕刻精美的桌椅，在白色的演绎下显得优雅迷人，座椅上的碎花图案，避免了单调感的产生，华美的水果托盘和烛台，突显出高品质的生活。悬挂于中心位置的油画，用绚丽的色彩将大自然的美丽风景巧妙地请进室内，让就餐的环境更加怡人。

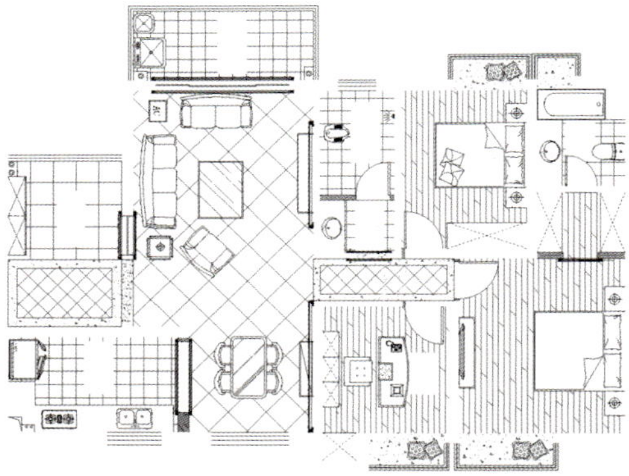

【厨房】

古朴的瓷砖和简洁的室内陈设，让厨房显得简约大气。纯白的橱柜在浅棕色的空间中显得格外醒目，并为室内增添了纯净的美感。墙面和地面都选用仿古砖来装饰，不但利于清洁，还增强了区域的连贯性。

【主卧】

优雅的欧式家具搭配朴实的木地板和华丽的吊灯，营造出高雅且宁静的睡眠环境。大红色的床品在纯净的空间中显得非常醒目，有着吉祥喜庆的寓意。绽放的鲜花，增加空间情调的同时，还为卧室注入了生机与活力。

【次卧】

纯白的欧式家具在优美线条的演绎下，透露出典雅的气质。印有复古花纹的壁纸，配合欧式风格的家具和装饰物，让人领略到迷人的欧洲风情。浅色的条纹床品，为空间增添了丰富的色彩，使休息的环境更加轻松舒适。

【卫浴间1】

运用深浅不一的瓷砖来装饰墙面，使空间看起来具有层次感。粗糙不平的地砖有着极好的防滑效果；窗户的设计，使室内的空气更加流通；绿色的植物盆栽，为空间增添了清新的自然气息。

【卫浴间2】

盥洗区与淋浴区之间以磨砂玻璃门作为隔断，不仅有效地保护了淋浴区的私密性，还增加了空间的通透感。墙体与地面采用相同的瓷砖来装饰，使空间从视觉上得以延伸。花纹繁复的镜框和盥洗台下的收纳柜，显示出欧式风格的经典唯美。翠绿的植物，能够改善室内的气息，也为宁静的空间注入了生机。

Mo Deng Shi Dai

摩登时代

设 计 师：宋建文
设计单位：上海设计年代
建筑面积：103m²
主要材料：壁纸、浅啡大理石、硅藻泥、茶镜、樱桃木清水面、砂壁砖

这是房屋的主人与设计师齐心协力打造出的甜蜜且摩登的家园。华丽的欧式家具、晶莹的水晶灯、名贵的毛皮地毯、绚丽的油画、唯美的壁纸、素雅的浅咖大理石等，共同构成了一个高贵典雅的生活空间。轻柔的光线，赋予室内物体甜蜜的表情，使整个空间充满幸福的味道。在居室中偶尔出现的镜面，加强了空间的灵活性，使空间的设计不会显得单一，而餐厅中的茶镜，则从视觉上延伸了空间尺度，提升了室内空间感。

时尚、甜蜜与爱飘散在一百多平方米的每一丝空气里，这就是设计师所要体现的一种全新的、重视生活品质的观念。

【客厅】

纤巧的洛可可风格家具，显示出优雅的气质，优良的面料配合经典的色彩，展现出极具质感的空间。华贵的毛皮地毯和缎面靠垫、华丽的水晶灯，无不流露出奢华的气息。油画中的鲜花与壁纸上的花纹相映成趣，绚丽与淡雅的色彩赋予空间迷人的魅力。室内的各种光源交汇后，让空间充满家的温情。此外，将阳台的空间加以利用，使会客的空间变得更加宽敞。

【餐厅】

用木饰面和茶镜打造的餐厅墙，显得个性时尚，加上艺术画的点缀，显得更加丰富多彩。简欧风格的桌椅看起来优雅迷人，造型圆润的桌角，体现出欧式风格的精彩之处。晶莹夺目的水晶灯对应上盛开的鲜花，无形之中增加了餐厅的格调。天花上的茶镜有助于提升室内空间感，同时还与隐约透出的间接光源一起将空间引入到一种绝妙的意境之中。

【卧室】

床头的米色软包在深色壁纸的环绕下显得极为醒目，这种强烈的对比迅速引起人的注意，壁纸上的花纹能够避免墙面产生单调感，并让床头墙面变得优雅美丽。优美的曲线配合纯净的色彩，使卧室中的家具显得唯美动人，布帘和纱帘上的古典花纹，不但传递出淡淡复古情愫，而且为室内增添了梦幻的美感。

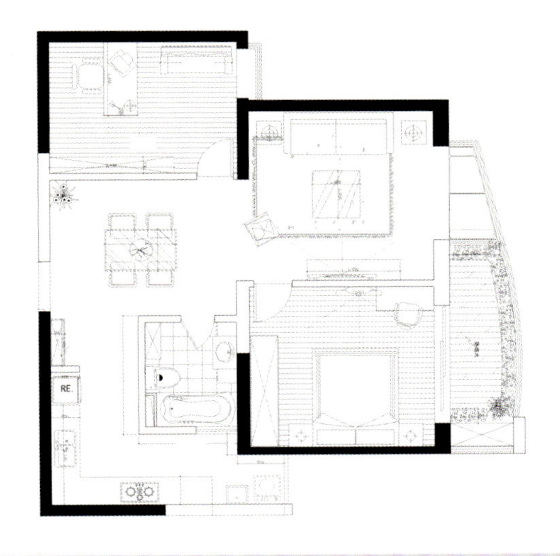

【卫浴间】

亮色马赛克和淡色马赛克的加入，为空间带来了两种不同的美感，和谐相融之后，让卫浴间显得个性时尚。米色横条瓷砖铺就的墙面作为两种马赛克墙面之间的过渡，成功地帮助空间完成了色彩上的跳跃。以向日葵为主题的装饰画和室内摆放的鲜花，在虚实之间为空间增添了生活的韵味，同时，画中的向日葵不禁使人联想到凡高的知名画作，无形中为室内增加了艺术魅力。流线型的洁具，让人使用起来更加便利舒适。

Jian Ou Feng Qing

简欧风情

设 计 师：陈希友
设计单位：福州合诚环境艺术装饰有限公司
建筑面积：125m²
主要材料：仿古砖、大理石、墙纸、雕花板、镜面玻璃

要想在众多相同风格的案例中脱颖而出，必须出奇制胜，本案就是一个极好的例子，通过设计的精巧构思，创造出无与伦比的欧式生活空间。

为了彰显高贵、典雅的简欧风情，设计师采用了简约的设计，以细致为基调，兼顾实用性，并利用开放式的格局将空间最大化。设计师有意将雅致写意的东方文化融入到空间中，尝试营造出别具一格的空间氛围。客厅、餐厅以及书房的设计没有繁琐的造型和华丽的色彩装点，只在客厅地面上铺了对比丰富的地毯，功能属性一目了然。屏风和其他装饰物上富有节奏的雕花，将清雅脱俗的东方神韵表现得淋漓尽致。厨房推拉门与屏风对称的设计，使整个空间更加和谐，同时极好地将洗手台与餐厅隔开,使功能更独立。在空间顶部贴上暖色墙纸，冲淡了地砖带来的冰冷感，并使空间充满了洁净感与家的温馨。

【客厅】

无论是家具的选择，还是色彩的搭配，都展现出尊贵华丽的质感，让客厅显得贵气十足。璀璨的灯饰和精美的饰品、优质的地毯，为空间加入了奢华的元素，提升了空间的整体格调。空间顶棚上的暖色墙纸，冲淡了地砖带来的冰冷感，并使空间充满了洁净感与家的温馨。电视墙的设计显得格外新颖，黄色的软包搭配灵动的白色雕花，将极致的美感融入到空间中。

【主卧】

镜面、软包与白色线条加强了空间感，让静的空间动了起来，制造出动静结合的意境，并为室内增添了神秘与浪漫。悬空设计的储物柜与隐藏式的收纳柜，增强了有限空间的实用性。金色的床头柜和优雅的银色灯具，将华贵的气息渗入到空间中，使卧室变得富丽雅致。

【过道】

透亮的茶镜，在延伸室内面积的同时也丰富了空间的视觉内容。白色的镂空屏风，使书房与其他的功能区隔而不断，唯美的雕花，让这个屏风显得精美绝伦，并隐隐透出清雅脱俗的东方神韵。

【厨房】

纯白的欧式橱柜和淡色的瓷砖，构成一个干净整洁的厨房。同时，这样的色彩搭配和布局，可使空间增加宽敞感。

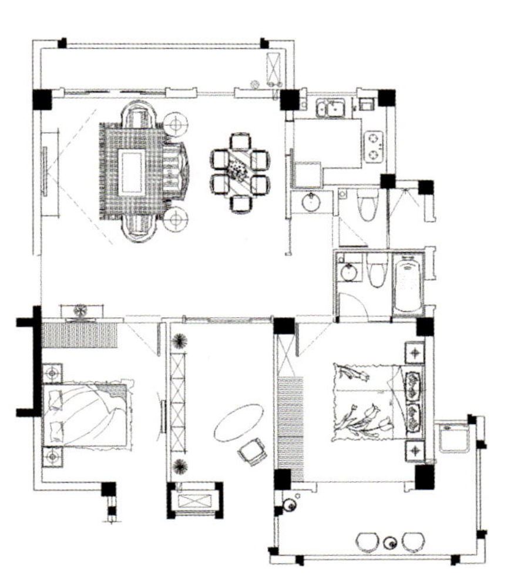

San Sheng Guo Ling

三盛果岭

设 计 师：林磊
设计单位：福州佐泽装饰工程有限公司
建筑面积：148m²
主要材料：蜜蜂陶瓷、德国墙纸、泰成软包窗帘、德顿得家全套家具灯具

本案的业主是位年纪不大的高级白领，对欧式有着自己的理解，设计师与其详细的交流之后，对该空间的处理，消减掉了诸多的欧式元素，用较为现代的设计手法简单勾勒。考虑到其选购的家具较多，于是在简化空间的基础上，采取了以摆设为主、简约为辅的思维方式，并在硬装修上运用局部弧线和直线不封边的手法。

繁复的花纹与优美的曲线构造出具有古典欧式风情的客厅和餐厅，玻璃与镜面的加入，使这两个功能区拥有了通透的美感。小孩房及主卧的设计满足了业主的个性需求，选用的墙纸也较为大胆，特别是主卧室，装点成了欧式田园风格。而老人房则选用浅灰色调，与床铺后背软包形成完美的结合，最大限度体现空间的协调性及庄重大方的气质。此外，在后期配饰的选购上，设计师大胆地混搭入一组中式工笔画屏风，对整个生硬的空间起到一种调剂作用，增添一抹舒适迷人的韵味。

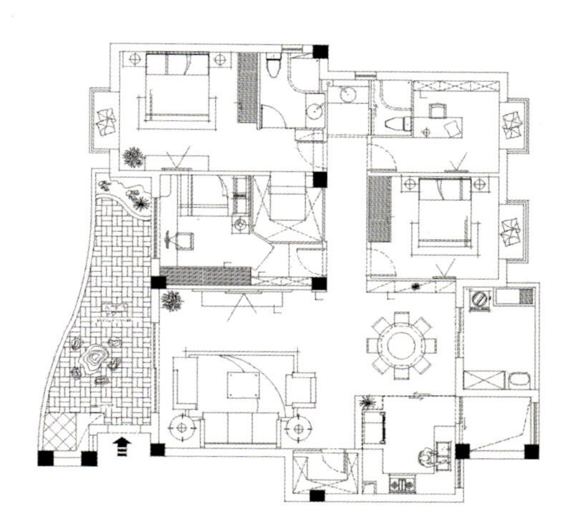

【客厅】

欧式物件的体量感一般较大，摆设在不大的客厅中略显拥挤，但是电视墙上的镜面拓宽了视觉空间，有效地缓解了这种拥挤感。客厅的沙发、壁纸、电视柜均采用了大气的褐色以及优美的花纹，配合着墙面上精美的油画，令客厅犹如一个雍容华贵的古典美女，散发着优雅迷人的气息。

【餐厅】

大理石的桌面配合高档的木材，让餐厅显得稳重大气。座椅上繁复的花纹与唯美的窗帘互相呼应，再加上仿古的地砖，使人领略到古典欧式的精彩。圆形天花中心区的吊灯，在灯光的烘托下，宛若一朵苏醒的白莲花，舒展着慵懒的姿态；色彩缤纷的鲜花尽情地绽放着，为餐厅带来了活力。这样的组合，令餐厅显得赏心悦目。

【主卧】

美丽的鲜花元素挥洒到空间各处，壁纸上有它的漂亮身影、以它为主题的吊灯显得光彩照人、素雅的白色鲜花散发出阵阵幽香，整个空间围绕着浪漫温馨的生活氛围。同时，翠绿的底色，能够使人感到轻松舒爽。实木的地板，透着自然的气息，搭配上壁纸后，仿佛将人带到了美丽的欧洲田园之中。

【儿童房】

这是一个浪漫多彩的儿童房，无论是卡通壁纸，还是可爱的玩具，抑或是活力四射的彩色床单和天蓝色的窗帘，都为空间增加了亮丽的色彩和童真的趣味。为空间量身制作的书桌，既节省了空间又增强了有限空间的实用性。

Pin Wei Xin Feng Qing

品味新风情

设 计 师：谢文川
设计单位：业之峰装饰西安分公司
建筑面积：430m²
主要材料：洞石、流水石、仿古砖、实木地板、壁纸

本案的设计是在现代的时尚简洁之上，糅合一些古典的精致奢华，加上如水晶般晶莹的时尚质感，打造出高品位的生活空间。客厅和餐厅的墙面所采用的石材使空间呈现出一种独特且雅致的生活情调，细腻却不复杂的线条配合温暖的色彩，让人看起来很舒服。客厅顶部和电视墙的镜面搭配与空间的整体气氛相互呼应，再配以造型柔美的欧式家具，营造出恬静和谐的空间氛围。随处可见的植物盆栽，散发出清新的气息，并带来了大自然的亲切问候，使居住的环境变得更加轻松怡然。视听效果极佳的私人影院，能够让房屋的主人随时欣赏到自己喜欢的影视作品，这样的生活，是何等的享受呀！

【客厅】

用天然石材装饰的墙面和地面，使客厅显得无比大气。造型柔美的欧式沙发在优质面料的配合下，拥有了令人倍感舒适的触感。茶几上摆放的茶具极为考究，突显出主人的高品位。顶棚上与墙面上的镜面遥相呼应，极大程度地提高了室内空间感。生机勃勃的绿色植物，为客厅加入了清新的自然气息。

【餐厅和厨房】

餐厅与厨房相连，都采用经典的欧式风格来设计空间，呈现出高品质的生活空间。餐厅中，古朴的吊扇对应优雅的餐桌椅，表达出古老的欧洲情怀。顶棚与墙面、地面都运用石材来装饰，延续了客厅大气的氛围。温暖的光线和抽象的艺术画，让餐厅显得很有情调。嵌入式的展示柜，不但可以用来展示物品，还能用来存放餐具，是合理利用空间的一种体现。

【书房】

书房装修少不了风格一致的书桌和书架。除此之外，一些附带品也可以起到点睛的作用。这间书房给人安静、雅致的感觉，统一的家具颜色，让人浮躁的心能够迅速沉静下来。绿色的植物装饰是空间的点睛之笔，书房需要一些绿色点缀，在写字台或书架上放一两盆绿色植物是很有必要的，隔一阵时间看几眼，无疑是调节疲劳视神经的好方法。

【休闲区】

这个位于顶层的空间是属于小孩的世界，室内堆积着各种卡通玩具，让空间充满童趣。众多的收纳柜可以将各种小玩具分门别类，避免空间变得凌乱。用镜子修饰的整面墙壁，不但从视觉上延伸了空间面积，还有助于提升室内光度，使室内显得更加明亮。由几种颜色的泡沫垫铺就的地面，既丰富了空间的色彩，又起到保护小孩的作用，使小孩不容易摔伤。此外，顶部的一半区域用玻璃取代墙体，将大量的自然光线引进室内，让小孩能够在阳光的陪伴下尽情地玩耍。

【主卧】

床头的绒面软包搭配上室内精美华贵的陈设品后，使卧室显得奢华大气。床的造型突显出巴洛克风格的奔放雄壮，十足的气势加强了空间的感染力，令置身其中的人们充满能量，自信地迎接每一天。

【次卧】

趣味十足的卡通壁纸、浪漫的粉色窗帘、可爱的布偶、简洁优雅的白色家具共同构成了一个童趣十足且利于小孩成长的生活空间。在这个独立的小天地中，小主人可以彻底放松自己，做自己喜欢的事情，既可以在阳光的陪伴下弹奏着钢琴，也能够用电子琴奏出优美的旋律，还可以坐在椅子上看书，让小孩随时能够感受到自由的气息。

【卫浴间】

用马赛克修饰的沐浴区，显得现代时尚；欧式风格的盥洗区，看起来精美大气；通透的玻璃隔断和美丽的水晶珠帘，为空间增添了如水晶般晶莹的时尚质感。它们的成功组合，构筑出独一无二的卫浴间。

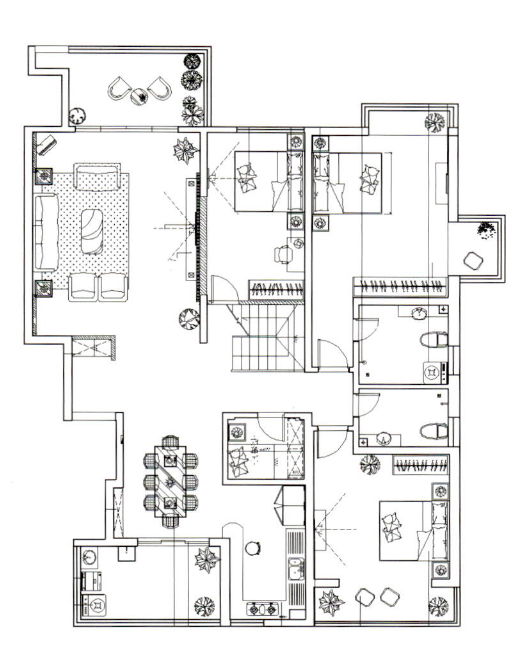

Qing Xin De Fa Shi Jia Ju

清新的法式家居

设 计 师：王帅
设计单位：北京东易日盛长沙分公司
建筑面积：140 m²
主要材料：PU线、多层实木地板、艺术墙漆、罗马柱

本案的业主在设计之初并不十分明确自己所需要的风格，设计师对他们加以悉心的引导，并要求他们去市场挑选自己喜欢的家具，以家具风格为切入点展开整个室内设计，通过设计师的精心规划以及与业主的配合，最终达到了令人满意的效果。

由于纯正法式风格的家具都具有宫廷般的繁复和大量的雕花细节，不大适合中小户型，同时也需要强大的经济基础，因此，设计师按照业主的要求，在设计上突破了传统的欧式处理办法，去掉了法式风格中的那些复杂元素，保留相对清新单纯的一些痕迹。千娇百媚的鲜花和各种植物盆栽贯穿于空间中，与带有欧洲历史文化的各类陈设品一起，装点出富于有生活气息的居住空间。

【客厅】

银灰色和金色配合优美的曲线，展现出华贵优雅的欧式家具，吊灯的金色材质与家具上点缀的金色交相辉映，让空间显得贵气逼人。暖色墙面上的白色浮雕突显出欧式风格独有的风采，奢华大气的窗帘加强了空间的魅力。

【餐厅和厨房】

餐厅中，银灰色桌椅上点缀的金色与吊灯的金色材质、罗马帘上的金色花纹相得益彰，一个高贵华丽的就餐空间被成功地打造了出来。含苞怒放的鲜花和精美的烛台、绚丽的油画，为餐厅增加了浪漫的情调。餐厅与厨房之间以一个巨大的拱门作为隔断，所以从餐厅可以看到厨房内的情形，厨房中选用了雕刻精致、色彩低调的欧式橱柜，配合古朴的地砖和墙砖，让厨房仿佛穿越了时空，流露出古老的韵味。

【休闲区】

无论是白色的收纳柜还是以白色为主调的家具，无不透露着典雅的欧洲风情，盛开的鲜花和生机勃勃的绿色植物，散发出令人舒爽的自然气息，在这样的空间中度过闲暇时光，是最好的选择。此外，顶棚的设计使人耳目一新，白色的条纹配合着几何状的顶棚造型，让顶棚显得非常立体，并以最佳的方式将美丽的吊扇呈现出来，增强了空间的视觉美感。

【卧室】

精美华丽的欧式家具摆放在卧室中，不仅给人带来舒适的体验，还有着装饰空间的作用。白色的木饰面将典雅的气质融入到空间中，家具上的金色点缀，恰到好处地为空间增添了一些贵气。

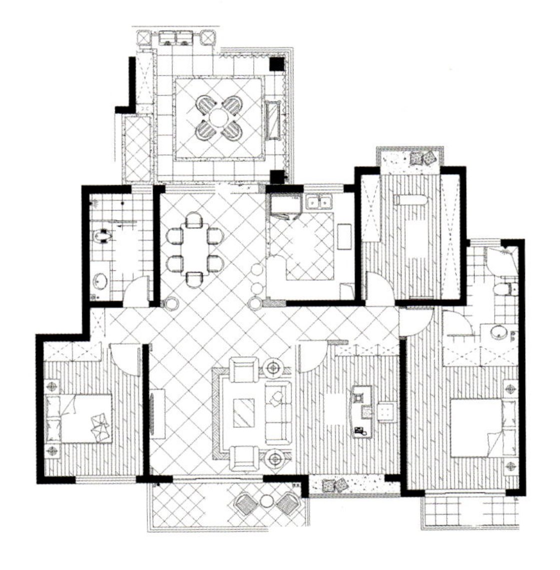

Xie He Shui An

协和水岸

设 计 师：徐和顺
设计单位：汕头市雅轩设计有限公司
建筑面积：430m²
主要材料：沙安娜石板、法国金花石板、实木地板、墙纸

本案业主是一位成功的企业家，去过许多国家并且接触过西方文化及生活方式，所以本案设计师选用现代的欧式风格来设计这个住宅，并将一些美式风格融入其中，意图打造出高贵大气的居住空间。

住宅的一、二层采用欧式风格来装饰空间，表现出豪气的大宅风范。华美大气的欧式家具贯穿于整个空间中，配以华丽璀璨的水晶吊灯、色彩绚丽且花纹繁复的地毯、大型的植物盆栽、千娇百媚的鲜花，以及大范围使用的天然石材，将空间的奢华大气展现得恰如其分；三层选用美式风格来设计空间，用优雅的家具、别致的饰品、温和的木材突显出业主的高品位和闲适的生活方式。另外，本案将多种经典元素渗透到空间中，使空间显得更加纯正，达到了极佳的装饰效果。

【客厅】

无论是家具的选用，还是空间的布局，抑或是墙面与地面采用的装饰材料，都成功地体现出空间华贵大气的整体气势。纯美的石膏天花搭配大型的水晶吊灯，使空间在大气之余还突显出无与伦比的大家风范。大理石雕刻而成的罗马柱、天然石材打造的沙发墙、壁纸与石材构成的电视墙，都有效地提升了空间的整体气势；翠绿的盆栽和绚丽多彩的鲜花，以及墙面上的风景油画，为空间增添了迷人的自然景致，让客厅变得富有生活气息。

【餐厅】

原木材质与古典花纹打造的欧式餐桌椅，流露出经典的韵味，摆放其中的烛台，繁复的造型显示出复古的美感。位于圆形天花中央区的水晶灯，在间接光源的配合下，显得更加耀眼夺目。华美的金色窗帘与唯美的薄纱，为餐厅增添了一种不可言喻的贵气。

【厨房】

欧式风格的整体橱柜使这个厨房显得气势十足，原木质地的顶棚造型，为空间增加了一些亲和力。

【书房和视听室】

这里的书房和视听室的设计极其大气，宽敞的空间与材质高档的家具，成功地营造出无与伦比的空间氛围。精美别致的台灯与古典优雅的吊灯，在发挥它们实用价值的同时也充当了装饰品来美化空间。座椅、吧台及电视墙上的绿色皮质，为沉稳的空间增添了一抹清新的色调。顶棚的设计迎合了住宅顶层的独特造型，巨大的木料显得很有气势，配合地面上的实木地板，让整个空间透露出自然的气息。

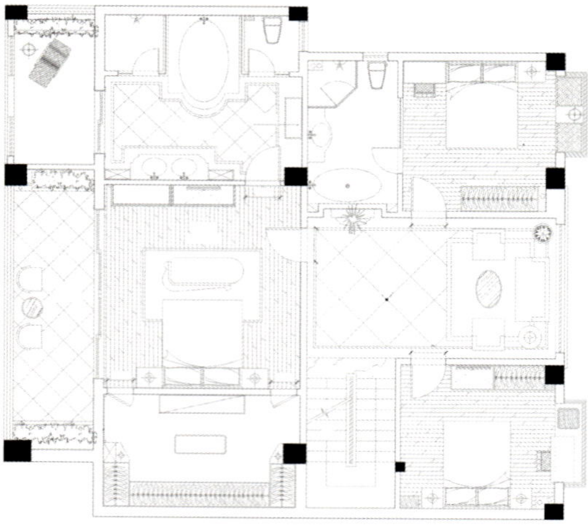

【楼梯1和楼梯2】

金色的铁艺和米白色的大理石构筑出奢华大气的楼梯。大理石柱和米色马赛克的和谐组合，展示出带有一些现代感的楼梯空间，悬挂其中的装饰画，缓和了空间的单调感，并让楼梯围绕着艺术的气息。

【主卧】

这是一个简约的欧式卧室，室内虽然只摆放了一些家具，没有选用过多的装饰物，但却成功地展现出高品质的居住空间，配以大型的落地窗，呈现出一个宽阔明亮的卧室。

【次卧1】

在纯净的空间中偶尔出现的那一抹淡绿，起到了极好的点缀作用，让宁静淡然的空间中拥有了一丝清新之感，令在其中休息的人倍感惬意。优雅且舒适的床配合洁白的床品，再对应上床头的花纹壁纸，营造出温馨悠闲的睡眠氛围。阳光通过玻璃窗进入室内，带来了一室的明媚。

【次卧2】

温柔的粉、纯粹的白，这样的卧室使人联想到童话故事中公主的房间。浪漫的碎花元素点缀其间，使卧室充满活力。曲线优美的家具在纯白色彩的演绎下，显得优雅迷人。

【卫浴间】

天花的造型与沐浴区的设计相映成趣，圆圆的弧线处理迎合了欧式风格的大气。用马赛克拼贴出来的图案，为空间带来动态美感的同时还为室内增添了一些艺术气息。用玻璃隔断出的如厕区和淋浴区，既使各功能区隔而不断，又增强了空间的通透感。

Juan Cao Qi Xi

卷草气息

设 计 师：李增辉
设计单位：汕头市博雅室内设计有限公司
建筑面积：190m²
主要材料：石板、雕花板、玻璃、玻化砖

本案以简欧为主要设计风格，将欧式的浪漫情怀与时尚元素相结合，兼容华贵典雅与时尚现代，反映简欧风格的美学观点与文化品位。

本案多处运用花纹图案，给这个黑白灰的居家空间抹上几分精致、典雅的色彩。带着卷草图案的镜面无形中联系着各个功能空间。黑白花纹的窗帘、灰色的花纹壁纸以及家具和沙发背景墙上的卷草图案，让这个空间显得典雅、精致。为了减少大面积花纹带来的繁琐感，设计师选用了若隐若现的花纹壁纸。餐厅中的拼贴艺术马赛克也用了花纹图案，与客厅中的花纹图案一脉相承。餐厅一旁设置了两排餐柜，增强了空间收纳功能。书房中造型独特的书柜，不仅给书籍留足了收纳空间，还能起到装饰的作用。

【客厅】

简欧风格的沙发通过黑白色调的渲染，显得高贵典雅之余还流露出经典的韵味。金属材质的欧式茶几，彰显出古典与现代的完美融合。两侧墙面上的暗纹壁纸与明纹壁纸相互对应，再配以优美的雕花装饰和花纹窗帘，为原本宁静的客厅加入了动态的元素，“静中有动，动中有静”的客厅被成功地呈现出来。

【餐厅】

黑与白永远是最经典的搭配，以各种方式出现的黑白元素，呈现出靓丽时尚的就餐空间。黑白马赛克拼合的花朵图案，赋予空间艺术的美感。悬空设置的餐柜，可以存放许多餐具，有效地提高了空间的利用率，纯白的色彩配合流畅的线条，展现出干净、利落的视觉效果。

【吧台】

深色的地砖界分出吧台区与其功能区，并让白色为主调的吧台和酒柜显得非常醒目，强烈的色彩对比构成了这个现代时尚的空间。吧台上的黑镜透露出淡淡的神秘气息，灵动的卷草纹缓和了空间的单调感。酒柜上的镜面装饰和周围出现的镜子，让吧台区显得晶莹剔透，借入灯光后，又营造出一种别样的情调。

【角落】

小小的角落显示出极大的魅力，悬空的展示台将两侧的墙面有效地联系起来，展示台上端是窗户，下端的墙面用镜面修饰，使其仿佛临空而设，显得格外轻盈。展示台之上可以放置一些装饰品来点缀空间，也能充当临时的工作台使用。从墙面连接到顶棚的黑镜，丰富了空间的内容，与白色格栏的搭配，又使其显得很有层次感。

【餐厅】

黑与白永远是最经典的搭配，以各种方式出现的黑白元素，呈现出靓丽时尚的就餐空间。黑白马赛克拼合的花朵图案，赋予空间艺术的美感。悬空设置的餐柜，可以存放许多餐具，有效地提高了空间的利用率，纯白的色彩配合流畅的线条，展现出干净、利落的视觉效果。

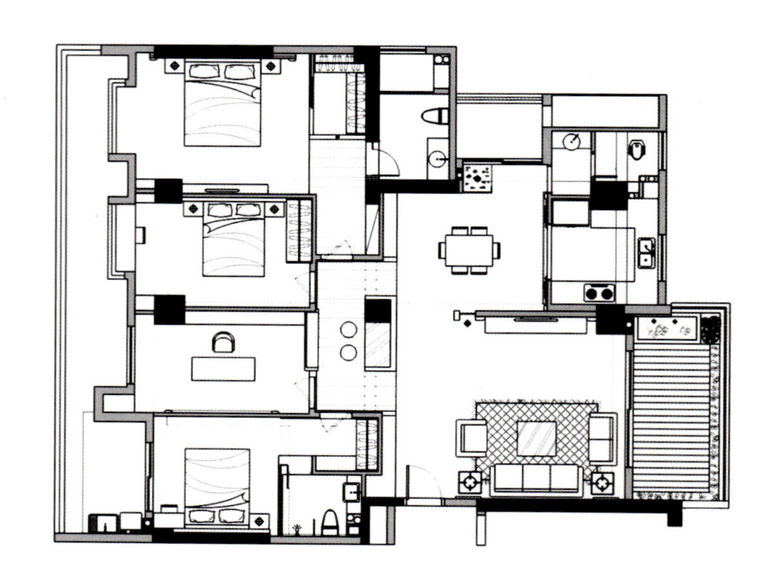

【主卧】

壁纸上若隐若现的花纹在灯光的烘托下显得梦幻唯美；洁白的家具，让人感到宁静安然；柔滑的床品，为舒适的睡眠提供了环境……一个高品质、高享受的卧室被完美地打造出来。用黑镜作为更衣室与卧室的隔断，不但为纯净的空间增添了一抹神秘的色彩，还在提升空间感的同时保护了更衣室的私密性。

【次卧1】

隐约透出的间接光源使卧室萦绕着一种浪漫的氛围，优雅的花纹让墙面与镜面变得唯美。以黑镜作为衣柜的柜门，从视觉上拓展了空间面积。淡雅的床单和质朴的实木地面，营造出温柔恬静的睡眠氛围。

【次卧2】

暖色的暗花壁纸，传递出淡淡的温情。素色的床品和桌椅，展现出低调且优雅的美感。透明的玻璃将睡眠区与卫浴区分隔开。纯净的色彩、简约的设计，使卫浴区显得干净、利落。在卧室内设置一个卫浴间，给居住者带来了便利。

【卫浴间】

白色的洁具和盥洗台在沉稳的空间中显得安静纯美，柔和的线条使其看起来非常舒服。地砖上的图案很像一颗颗小石子，既耐脏又美观。透亮的镜面，提升了室内的明亮度。悬空的盥洗台，使它与地面脱离，能够时刻保持干爽的状态。

Nei Lian De Hua Gui

内敛的华贵

设 计 师：郑俊伟、郑俊雄
设计单位：汕头空间装饰设计有限公司
建筑面积：178m²
主要材料：蒂娜米黄石板、茶色镜、环保乳胶漆

本案的设计师将新古典与高贵融于一体，利用材质、软装饰营造出内敛的华贵气氛。打开门，呈现在人面前的是一条宽敞的过道，采用天然的蒂娜米黄石板装饰地面，大幅茶色雕花玻璃和暗纹壁纸修饰墙面，让人在踏入房门的瞬间就能感受到逼人的贵气。从客厅到餐厅再到卧室的设计都极好地延续了高雅华贵的空间整体风格，使用不同类型的欧式家具打造出透着贵族气息的居住空间。雕花门和木格栅，以及茶具的出现，将东方文化恰到好处地渗透到了这个欧式的空间中，东西方文化的和谐相融创造出别具一格的生活空间，另外，雕花门和格栅的出现，使室内整体感觉更有通透感，表现着一种雅致的奢华。

值得一提的是，空间每个转角的设计都体现出设计师的精巧构思，富有创意的设计令其成为了空间中的一道道风景线。

【客厅】

高贵的黑色在优美线条的配合下，打造出精致华丽的欧式沙发。复古的墙面搭配印有东方元素的金色镜面，古典中透着奢华的韵味。高级天然石板与金色镜面组成的电视墙，显得大气、典雅。考究的茶具，突显出屋主对茶道文化颇有研究，展现其不俗的品位。

【餐厅和书房】

轮廓秀美的欧式餐桌椅显得格外优雅，搭配上娇艳的鲜花以后，犹如一个贵妇正在展现着迷人的风韵。储物柜上的金色镜面丰富了空间的视觉内容，水晶灯散发着璀璨的光芒，它与金色镜面的配合使空间显得华丽大气。餐厅与书房之间以雕花门作为隔断，透过镂空雕花能够隐约看见书房内的情况，加强了空间的联系性。书房内，以天然木材为主体的设计，使室内散发着浓厚的自然气息，展示台上出现的间接光源，让摆放其中的物品更加具有生命力。悬空设计的展示台与办公桌，合理地利用了每一寸空间，使较小的书房显得宽敞起来。

【过道】

古朴的原木格栅与木饰墙面，将不可言喻的禅意恰到好处地传递出来。天然的蒂娜米黄石板和大幅茶色雕花玻璃，散发出逼人的贵气。华贵的欧式饰线，还有中间那幅描绘着白花的壁画，使人仿佛感受到淡淡的花香。英国乡村风格的装饰柜，以及柜上的白色洋钟，自然而然地透露出贵族的气息。

【主卧】

高档的木料配合精致的做工，使卧室中的家具显得大方得体。床头的软装饰和透亮的镜面，使卧室的设计显得多元化。厚重的窗帘和轻巧的薄纱，以刚柔并济的形式为空间带来了与众不同的美感。百叶格局的衣柜和木质的电视柜连接成了一个整体，增强了有限空间的实用性。

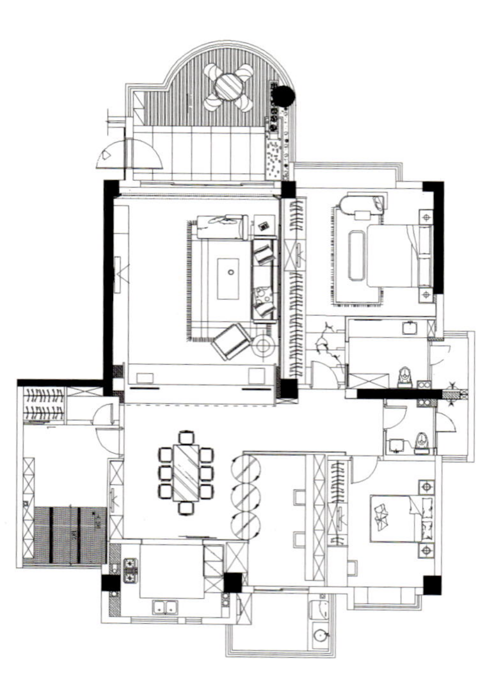

【次卧】

这个卧室采用现代简约的风格，使空间看起来干脆、利落，素雅的色彩，营造出宁静平和的空间氛围，让在其中休息的人能够放松心情。卧室的部分区域被用来充当读书区，使空间的功能更加多样化。

【卫浴间】

频繁出现的镜面与玻璃，不但使空间显得明亮且通透，而且从视觉上扩大了空间面积，制造出宽阔的空间效果。大理石打造的盥洗台便于清洁，它与墙面使用了相同的石材，共同营造出大气的卫浴空间。淋浴区内使用的马赛克，既打破了空间的单调性，还有着防滑的效果，美观又实用。

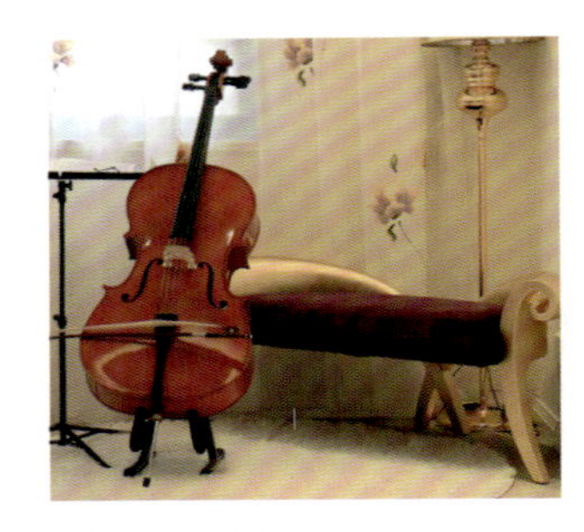

Xiao Zi Sheng Huo

小资生活

设 计 师：杨大明、吴世霞
设计单位：杨大明设计事务所
建筑面积：89m²
主要材料：墙纸、马赛克、微晶玉、橡木染白实木地板

古典和现代的结合，是一种非常理想的状态，而本案正是这方面的一个经典案例。

客厅和餐厅连在一起，这样的规划对于面积较小的房子来说十分重要，能够让空间显得宽敞大气。黑与白是最具有表现力的色彩，设计师将其作为空间的设计基调，使空间流露出经典的韵味。复古典雅的欧式家具和精美华丽的饰品，构成了一个带有小资情调的生活空间。由于空间不大，设计师在餐厅、小会客厅、卫浴间都放置了落地镜子，使空间在视觉上成倍地扩大。

室内给人感觉最意外的地方是厨房和卫浴间。两个地方都大面积地运用了彩色马赛克，显得精致、华贵。不得不赞叹设计师的细心和极致——追求每一寸空间的完美，这也许就是热爱小资的白领丽人的理想国度吧！

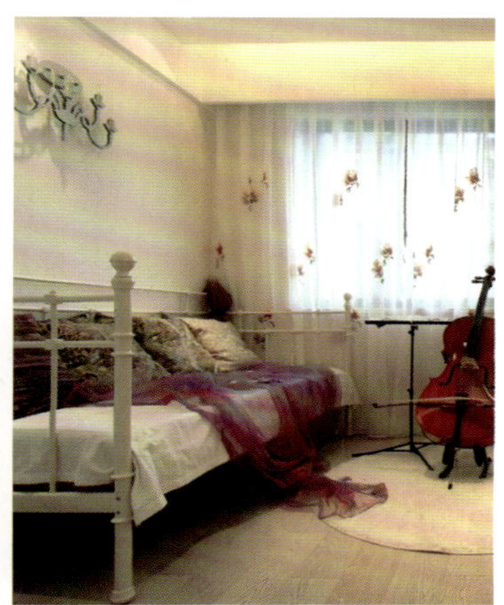
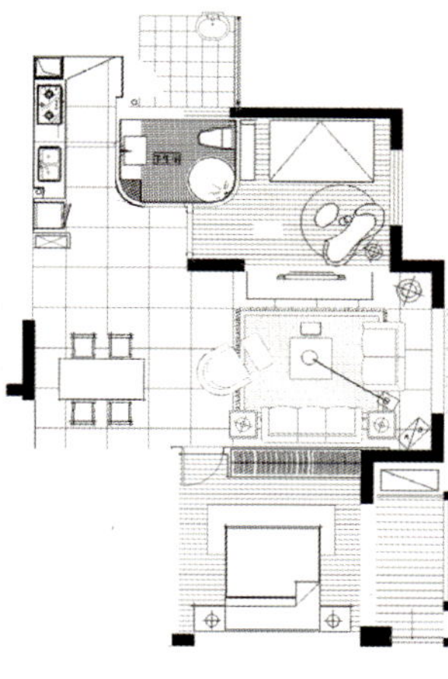

【客厅】

白色抛光砖、白色窗帘、黑色花朵点缀的韩国壁纸电视墙，以及别致的水晶吊灯，打造出经典时尚且高雅的会客空间。复古典雅的欧式沙发和茶几摆放其中，使室内同时充斥着现代和古典两种风格，让空间带有一点小资情调的优雅。

【餐厅】

欧式风格的餐桌椅在黑白两色的演绎下，显得高贵典雅。明亮的镜面不但从视觉上延伸了空间面积，而且丰富了空间的视觉效果，虚实相生的红玫瑰和造型奇特的吊灯，让就餐区域变得美轮美奂。

【卧室】

现代与古典结合的欧式家具透露出低调的奢华。印着古典花纹的壁纸，为安静的空间加入了动态的元素，也增加了室内的美感。白色的纱帘和地毯，为庄重的空间带来了纯净的色彩，使身处其中的人的心态变得平和。

【厨房】

用彩色马赛克修饰的厨房墙面显得个性时尚，并与白色的橱柜和地面在色彩上形成鲜明的对比，令人眼前一亮。展示台上的金色装饰物，为空间增添了华贵的美感。

Hei Yu Bai De Yan Yi

黑与白的演绎

设 计 师：杨大明、向辉
设计单位：杨大明设计事务所
建筑面积：109m²
主要材料：墙纸、微晶玉、实木地板

黑与白的搭配虽然很简单，却是永恒的经典。本案以黑与白为主要色调，打造出高贵且典雅的居住空间。

由于要切合该样板间的简约风格，所以无论是地板、墙纸，还是窗帘和家具都采用了黑白两色来搭配简单的线条，使生活空间显得简约、有格调，也让本来不算很大的空间显得宽敞起来。室内简欧风格的家具布置，虽然算不上华丽，但是能够展现出一种简洁且优雅的现代欧式风格。意境独特的装饰画和各种空旷的画框，为空间加入了浓厚的艺术气息，增添了一种无法言喻的格调。随处可见的鲜花，生机勃勃的状态，不仅使室内充满生命力，还让空间溢满花香。另外，镜面和灯光的配合，使客厅和餐厅变得明亮宽阔。

整个空间的风格就像影星奥黛丽赫本一样——不艳丽、不耀目，却洋溢着永恒的经典和优雅。

【客厅】

黑色的简欧沙发和黑色的灯具展示出低调的奢华，富有意境的装饰画散发出浓厚的艺术气息，点缀着繁复花纹的墙纸赋予空间华贵的气质，白色的窗帘和茶几显得非常典雅，柔和的灯光传递出阵阵温情，这些元素的完美融合，创造出一个高品质的生活空间。此外，电视墙的设计是空间中的一大亮点，长方形的造型在间接光源的配合下显得很有层次感，清透的镜面不但提升了室内空间感，还有助于增强空间明亮度。

【餐厅】

以黑色为基调的餐桌椅和烛台，显得高贵之余还透露出沉稳的气息，淡雅的鲜花和精美的白瓷餐具，以及晶莹唯美的吊灯，有效地缓和了桌椅所带来的沉闷感。间接光源将置酒架烘托得极为醒目，置酒架以玻璃为主要材质，使摆放于上的物品显得无比轻盈。顶棚采用镜面来装饰，既可以从视觉上扩充空间面积，又能为就餐的环境增添趣味。

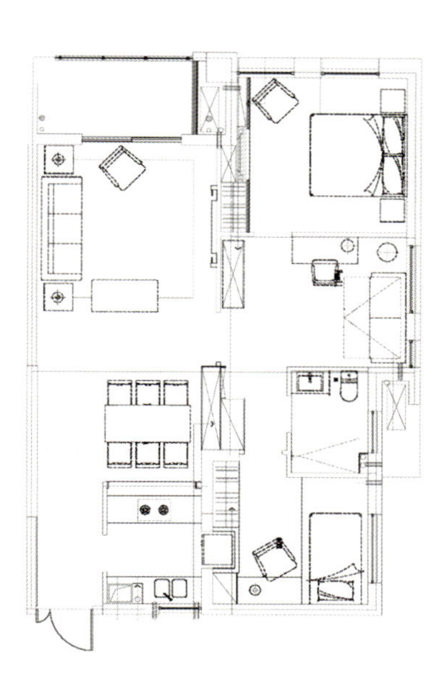

【厨房】

餐厅与厨房之间仅以一个矮墙作为隔断，使两个空间保持了一定的联系性。厨房同样以黑与白作为主要色调，配合简单的线条，使厨房看起来干净、整洁。冰箱的嵌入式摆放，是合理利用空间的体现，周围的黑色墙体将白色冰箱衬托得非常醒目。一束白色的鲜花，不仅为空间带来了淡淡的香味，还为空间增加了一些情调。

【书房】

书房内的黑色地板与客厅的白色地砖形成强烈对比，有效地区分出两个不同的功能区。书房内黑色的书桌对应白色的座椅和书柜，将黑与白的经典韵味演绎得淋漓尽致，同时突显出高品质的办公环境。本来空旷的画框在遇到壁纸后，巧妙地构成了一幅幅独特的艺术画。盛开的鲜花，散发出阵阵幽香。在这样的环境中办公，是何等的惬意呀！

【主卧】

主卧的设计极为简单，只摆放少量的陈设品，尽量让空间显得宽阔。简欧风格的家居布置，虽然算不上华丽，但是能够展现出居室的一种简洁且优雅的现代欧式风格。黑白结合的床品，透露出经典的韵味。金色画框装饰的艺术画，为室内增添了一些贵气。

【次卧】

客卧采用翠绿配纯白的几何图案墙纸来装饰，显得清新怡人，当空无一物的画框遇到它后，创造出一个关于艺术的奇迹，一幅幅抽象的艺术画应运而生，为空间带来不可思议的视觉效果。落地衣柜的推拉门用镜子来修饰，不但可以用来梳妆打扮，还能够扩大视觉上的空间感，一举两得。

【卫浴间】

以黑白两色为设计基调打造的卫浴间显得经典时尚，配合现代简约的设计风格，使空间显得落落大方。

Jing Mei Jue Lun

精美绝伦

设 计 师：邹志雄
设计单位：广州方纬装饰有限公司
建筑面积：130m²
主要材料：墙纸、大理石、抛光砖、复合浮雕木地板

高品质的生活方式一直以来都是许多人追逐的目标，欧式风格的家居设计能够极好地帮助人们达成夙愿，而在简约的欧式中体味奢华与高贵，已成为一种新的装饰潮流。

本案的设计师选择了能够突显空间大气和尊贵的欧式家具，成功打造出精美绝伦的欧式空间。华丽的材质、浓烈的色彩、精美的造型使室内所有物体都显得光彩夺目，赋予空间雍容华贵的气质。名贵的皮毛地毯和华美的陈设品，将奢华的气韵体现得淋漓尽致。优雅精美的灯具，突显出高品位的空间，提升了整体的格调，同时，各种灯具所散发出的灯光，不同程度地传递出家的温情。千姿百态的鲜花让室内溢满花香，让空间变得浪漫温馨。

【客厅】

银灰色的绒面加上银色的镶边，使沙发显得精美华贵，名贵的皮毛地毯和精致的银制烛台点缀其间，显现出空间雍容华贵的格调。在精美的电视柜上摆放着两头气势威武的豹子，突显出主人的气派。优雅的吊灯在灯光的配合下显得灵动唯美，为客厅增加了一些亮点。

【餐厅】

餐厅选用银色材质来烘托渲染，镶银的餐桌、银黑相配的椅子、银色的餐具，它们在水晶灯的照耀之下，散发出闪耀的光芒，不禁让人联想到在这儿用餐的美好场景。

【书房】

纯白的书柜和书桌构成一个极为优雅的阅读空间。柔美的铁艺加上玲珑剔透的水晶，在灯光的烘托下，展现出梦幻的美感。摆放在桌上的地球仪和放置在书柜中的书籍，为书房增添不少文化气息。

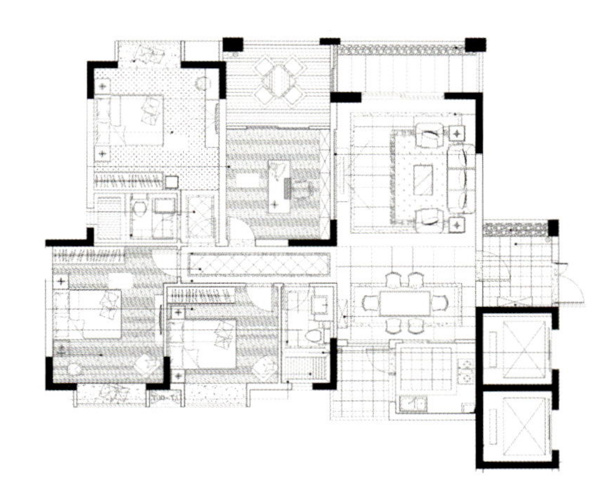

【卧室】

壁纸上的花朵在用色上颇有水墨画的风采，细腻的笔法勾勒出栩栩如生的鲜花，再加上光源的烘托，营造出一种独特的意境。白色的床品和纯白的家具，在显得优雅之余还流露出纯净的意味，使卧室充满着宁静平和的气息。

Zhuo Ran Pin Wei

卓然品位

设 计 师：郑浩
设计单位：岩舍国际设计事务所
建筑面积：356.4m²
主要材料：皮革、浮雕紫罗兰地板、地毯、大理石、雪白银狐及黑网花、强化玻璃

一幅有着抽象符号的现代艺术画将人的视线引至这个以低调奢华为基调的居家空间内。四大片银狐大理石结合的完美图腾，构成了一道厚实利落的客厅电视墙，柜体包覆黑网花大理石完成时尚简练立面。客厅与餐厅走道的三处主要端景面，以铁灰色水波纹进口壁纸搭配玻璃镜面展示柜及工艺品来展现。在水晶吊灯的反射光源下，凝聚出优雅且品位卓然的视觉空间，并营造出雅致内敛的生活氛围。书房除了可用来阅览、休闲、娱乐之外，还可充当临时客房使用，因为设计师在隐藏柜内设置了伸缩床架，以提供客房多功能使用。淡紫洁白的优雅、咖啡的香醇、铁灰湛蓝的成熟稳重及特别调制的紫罗兰木地板，表现出和谐私密的卧室空间。此外，各种精美的陈设品，都起到了极佳的点缀作用，无一不体现出居住者的高品位。

【客厅】

客厅以灰色和白色为设计基调，使空间弥漫着沉稳内敛的气息。装饰画中盛开的红色花朵为空间内加入了一抹亮丽的色彩，并缓和了空间的冷峻感。室内的家具以订制方式，采用进口表布、银橡洗白不织布及实木骨架，显得独一无二，再加上华美舒适的绒毯和精巧雅致的艺术品的点缀，呈现出一个格调高雅且成熟稳重的会客空间。

【餐厅】

硕大的水晶灯显得华丽至极，它所散发出的璀璨光芒，赋予空间奢华大气的氛围。精美高雅的桌椅搭配雅致的餐具，显示出高品质的就餐氛围，那奔腾的骏马摆件和醇香的红酒，加强了空间的格调。用玻璃和镜面打造的展示架，使摆放其中的所有物品宛如临空而设，显得轻盈灵动，无论是晶莹的水晶工艺品还是精美华贵的银器，都变得更加唯美迷人。

【书房】

为书房空间量身定做的联体书柜，运用科学的设计原理，合理地利用了空间，不仅能够用来展示物品、存放图书，还能收纳一些杂物。隐约透出的灯光，赋予了书柜生动的表情。柔软舒适的座椅，能够让在书房中办公的人感到轻松。另外，书房除了可用来阅览、休闲、娱乐之外，还可充当临时客房使用，因为设计师在隐藏柜内设置了伸缩床架，以提供客房多功能使用。

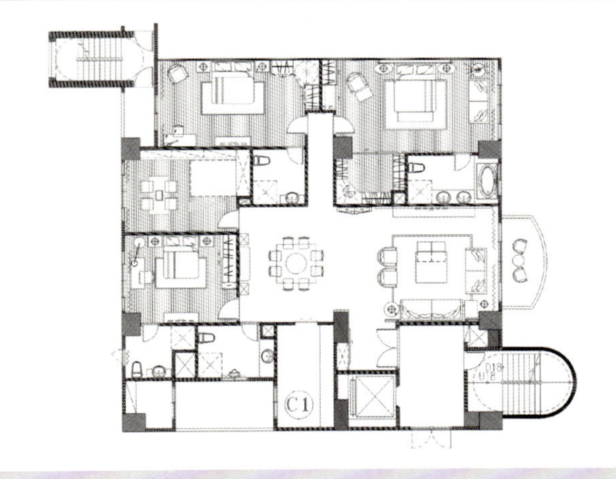

【卧室】

主卧以深色系作为设计主调，营造出沉稳宁静的睡眠空间。优雅的线条配合稳重的色调和优质的面料，使空间中的所有物品都显得很有质感，能够让居住其中的人产生一种优越感。室内的陈设品虽然不多，但是达到了极佳的装饰效果，无论是床头的水晶台灯，还是充满生机的艺术画，抑或是插于个性花瓶中的花朵，都为卧室增添了亮点。

【次卧】

淡紫的浪漫、纯白的优雅、咖啡的香醇、铁灰的成熟稳重，搭配上特制的紫罗兰木地板，和谐地相融出别具韵味的私密空间。优质的面料和高档的材质，整个卧室显得很有格调。此外，皮革衣柜下方设置的喷沙玻璃灯源可做夜灯使用，并具有现代时尚感。

Shan Yu Jian Ai Lun Po

山语间爱伦坡

设 计 师：田业涛
设计单位：北京业之峰装饰有限公司重庆分公司
建筑面积：128m²
主要材料：进口马赛克、实木地板、进口地毯、大理石、黑色玻璃

本案的设计像是一种多元化的思考方式，将怀古的浪漫情怀与现代人对生活的需求相结合，兼容华贵典雅与时尚现代，反映出后工业时代个性化的美学观点和文化品位。

设计师混搭各种元素来塑造此空间，呈现出与众不同的视觉美感。黑色的优雅线条，大方稳重的造型彰显居室的奢华风格，给人的身心以愉悦的享受；形态各异的水晶灯，为空间增添了各种不同的晶莹之美，也赋予空间以高贵的气质；大理石、马赛克、镜面、软包和壁纸以极为和谐的形式相融于空间中，达到了意想不到的效果；融入了现代元素的欧式家具，摆脱了传统欧式的繁琐束缚，构成了高雅且时尚的居住空间。

【客厅】

客厅的大理石壁炉、不锈钢水晶吊灯、丝绒质感的沙发墙是客厅的点睛之笔。白色的石材壁炉，宽大、庄重，背景墙纸上的纹样与两旁镜面磨花上的图案相得益彰，体现出欧式风格优雅的个性。客厅顶部的粗砂墙纸呼应着沙发和地毯的肌理质感。不锈钢的元素在雕花、卷曲工艺造型的改变下，融进欧式风格，让传统欧式的繁复多了现代的时尚感和实用性。

【餐厅】

洛可可风格的餐桌椅显得纤巧秀美，黑白的色调配合优美的花纹，展现出经典欧式风格的无限魅力。这里的吊灯宛如倾泻而下的瀑布，展示着令人惊叹的美感，对应上淡雅的鲜花和精美的餐具，将一个赏心悦目的餐厅完美地呈现了出来。

【主卧】

主卧以纯洁的白色为设计基调，白色羊毛装饰的床头墙面、白色的床品、白色的沙发等，让卧室看起来明亮、大方，并使整个空间给人以开放、宽容的非凡气度，让人丝毫不觉局促。无论是家具还是配饰均以优雅、唯美的姿态呈现出来，且流露出平和而富有内涵的气韵，突显出居室主人高雅、尊贵之身份，并带给其安心而宁静的睡眠。

【卫浴间】

以白色为主调的卫浴间看起来干净宽敞，大理石上的天然纹路使墙面不会显得单一，宽大的浴镜和收纳柜上的镜面，不但增加了空间的通透感，而且有助于提升室内的明亮度。此外，大理石的台面和柜角设计，起到防潮的作用，让空间的设计更加生活化。

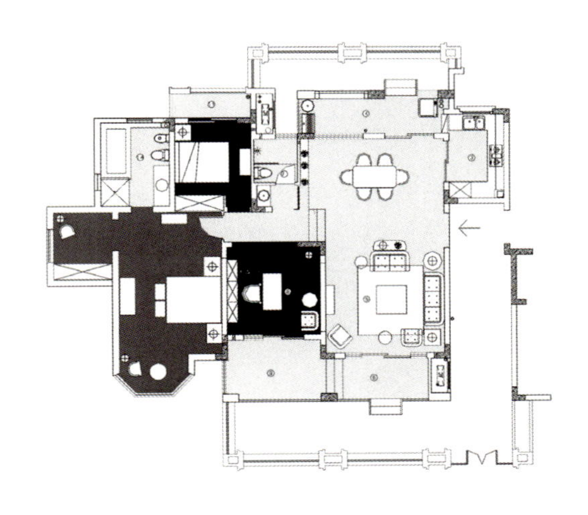

Hua Yuan Yi Xiang

花园意象

设 计 师：王晓亚、黄爱喜
设计单位：成都市尊席建筑设计事务所
建筑面积：350m²
主要材料：贝壳米黄大理石、美国墙纸 、仿古木地板

本案的设计主要以现代欧式为主，结合了一些中式元素，使人在享受舒适大方的欧式空间的同时，也能欣赏到中国传统文化的深远魅力。在平面上设计师作了较大的改动，让空间变得更加灵活和功能分区明确。设计上不拘泥于古典欧式风格的刻意装饰，而是以自然结构装饰空间，打造宽敞明亮的居住环境，调动每一处空间为使用者服务。在客厅、餐厅墙面使用了大面积的墙纸和浅米色护墙板，经典的欧式元素塑造出大气而又内敛的低调奢华空间。厨房与休闲区之间以一个半通透的墙体作为隔断，上半部分的玻璃使两个区域隔而不断，下半部分的实体墙面被巧妙地设置成了一个简易的吧台，合理地利用了空间。另外，形态各异的灯具和装饰物的使用，让人能够从多角度领略到欧式风格的无限魅力。

【客厅】

浅米色的护墙板流露出经典的欧式韵味，搭配上简欧风格的家具，使人感受到高贵典雅的欧洲风情。优质的沙发面料配合绚丽精美的地毯，富有格调的生活空间被成功地营造出来。大幅的油画中用亮丽的色彩渲染出迷人的自然风景，不但为安静的空间注入无限生机，还为室内增添了艺术的气息。古铜质地的灯具和饰品，将原始粗犷的美感渗透到空间中，达到了意想不到的效果。

【厨房】

通透的玻璃和简易的吧台构成了厨房与其他空间的隔断，不但有着隔而不断地效果，还是合理利用空间的一种体现。厨房内，浅黄色的橱柜让人感到温馨舒服，简单的线条勾勒出欧式家居的优雅。透过玻璃窗可以看见绿意盎然的自然景色，既清新爽目又为室内增添了生机与活力。

【书房】

这是一个传统的欧式书房设计，无论是桌椅，还是书柜，抑或是墙面上的壁纸，都透露出浓郁的欧洲气息。精致的细节、高档的材料，以及珍贵的饰品，提升了空间的整体格调。

【休闲区】

一幅名为“品冠群芳”的中国画被悬挂在休闲区，展现出百花争艳的精彩画面，对应低调且奢华的黑色皮质沙发和优雅的古铜壁灯，以一种极为和谐的形式体现出东西方文化的完美融合。

【主卧】

床头的镜面装饰，不仅从视觉上扩展了房间面积，还丰富了空间内容，让床头的风景变得无比迷人。造型各异的灯具，为卧室带来了不同的精彩，它们所散发出的灯光，赋予空间不可言喻的情调。纯色的床单使人感到宁静平和，点缀着优美花纹的纱帘显得如梦似幻，它们的组合，营造出如诗般美妙的休息氛围。此外，从镜面反射的图像可以看出，电视柜的设计兼具展示与储物的功能，增强了有限空间的实用性。

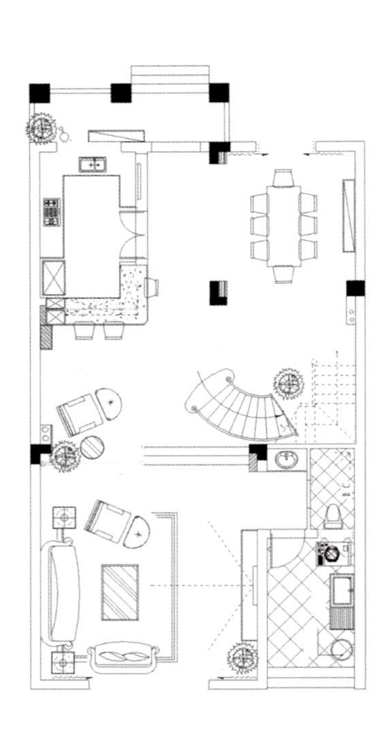